となりのきょうだい 理科でミラクル

あつまれ！生き物 編

となりのきょうだい 原作
アン・チヒョン ストーリー　ユ・ナニ まんが
イ・ジョンモ／となりのきょうだいカンパニー 監修
となりのしまい 訳

東洋経済新報社
とうようけいざいしんぽうしゃ

# もくじ

- **Q1** ガマンチャレンジの勝者は？ 6
  どうしてくすぐられるとくすぐったいの？

- **Q2** きょうふの黒いホコリ 14
  虫はどうして電灯のまわりを飛ぶの？

- **Q3** エイミのステキな朝 22
  パンにカビが生えても取り除けば食べられる？

- **Q4** 大変だ！きん急会議を開こう！ 30
  くさったにおいの食べ物がある！？

- **Q5** エイミのための特製ピザ 38
  ピザはどうして丸いの？

- **Q6** ドタバタ、カニ取り大作戦 46
  エビやカニを加熱すると、どうして赤くなるの？

となりのクイズ1 54

- **Q7** イチョウ並木の秘密 56
  ぎんなんってどうしてくさいの？

- **Q8** 鼻くそとともに15年 64
  鼻をほじりつづけると、鼻の穴が大きくなる？

- **Q9** ゆっくりゆっくり、かわいい友だち 72
  カタツムリのねん液はどうしてネバネバなの？

- **Q10** 地ごくの高速バス 80
  どうして車によらの？

- **Q11** バクバク、おやつをひとりじめ！ 88
  リスはどうしてほっぺに食べ物をしまっておくの？

- **Q12** こわ〜い、パンダののろい 96
  あざはどうして青色なの？

となりのクイズ2 104

13　となりのきょうだい、出生の秘密？　106
家族なのにどうして血液型がちがうの？

14　炭酸なしじゃ生きていけない！　114
炭酸飲料を強くふると、どうしてふき出てくるの？

15　まねが上手な動物って？　122
オウムやインコはどうして人の言葉をまねするの？

16　いま、受けにゆきます　130
インフルエンザの予防接種、どうして受けなきゃいけないの？

17　赤レンガのミステリー　138
ネコの目はどうして夜になると光るの？

18　たまらない、トムのみ力　146
犬はどうしていつもにおいをかいでいるの？

となりのクイズ3　154

となりのレベルアップ　156

表しょう状　161

登場人物

注射はこわいよ〜

トム
インフルエンザより予防接種がこわい兄。
予防接種を受ける理由や
予防接種の効果に興味があるよ。

キャー幸せ！

エイミ
かわいい動物とふれあうのが大好きな妹。
動物の種類や特ちょうに興味があるよ。

トムとエイミは、どこにでもいる
へいぼんなきょうだい。
2人のまわりでは毎日、
楽しいことがたくさん起こるみたい。
さて、今日は何が
始まるのでしょうか？

ガマンチャレンジの勝者は?

#くすぐったさ　#くすぐったい理由

Q どうしてくすぐられると くすぐったいの?

くすぐったさは皮ふで感じる感覚の1つ。体に力が入り、笑ってしまう反応を指すよ。

個人差はあるけど、首やわき、わき腹、おなかなどをくすぐられるとくすぐったいと感じる。

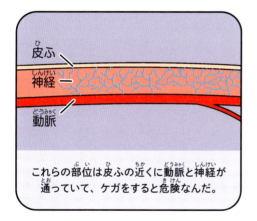

これらの部位は皮ふの近くに動脈と神経が通っていて、ケガをすると危険なんだ。

だから、これらの部位を外部の接しょくから守るために、くすぐったいと感じるともいわれているよ。

自分の体をくすぐっても、くすぐったくない理由

自分の体をくすぐるときは、どこをどうやってどのくらいの強さでくすぐるのか脳が認識しているから、くすぐったいと感じないんだ。でも、自分の手ではなく道具を使うと、脳に予想外のし激が伝わり、くすぐったいと感じる場合もあるよ。

きょうふの黒いホコリ

#光源　#走光性

今日もエイミを使おうとしているトム

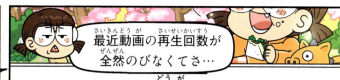

エイミも納得の理由

となりのまめ知識

光とかげ

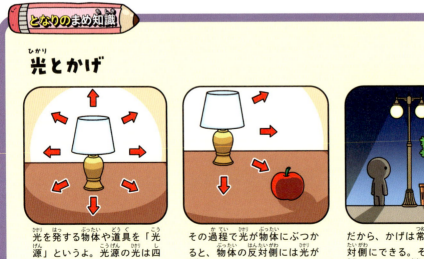

光を発する物体や道具を「光源」というよ。光源の光は四方に広がるんだ。

その過程で光が物体にぶつかると、物体の反対側には光が届かずかげができる。

だから、かげは常に光源の反対側にできる。そして光源に近づくにつれて大きくなるよ。

虫の死がい入りカバーをおしつけ合う2人

結局カバーのそうじはお母さんにお願いして

2人は物置きのそうじをすることになったよ

虫はどうして電灯のまわりを飛ぶの？

虫の中には光のし激に反応する種類の虫がいて、特にガやカなどは光に向かって飛ぶ習性があるよ。

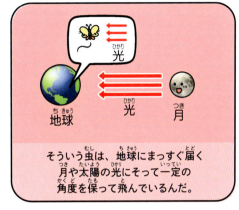

そういう虫は、地球にまっすぐ届く月や太陽の光にそって一定の角度を保って飛んでいるんだ。

ところが、電灯などの明かりは太陽や月とちがって四方に広がっているから、虫が混乱してしまう。

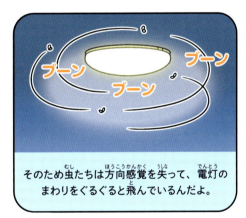

そのため虫たちは方向感覚を失って、電灯のまわりをぐるぐると飛んでいるんだよ。

となりのサイエンス

走光性

生き物が光に反応する性質を「走光性」という。光に向かって移動する「正の走行性」を持つ虫は、し外線の波長に特に反応しやすいんだ。虫対策ランプはこの特ちょうを生かして虫をおびき寄せ、感電させて虫を退治するんだよ。

し外線を利用した虫対策ランプ

エイミのステキな朝

#カビ #きん糸

Q パンにカビが生えても取り除けば食べられる?

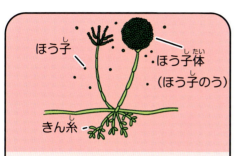

ほう子
ほう子体
（ほう子のう）
きん糸

カビは、食べ物やしめったところにきん糸という根をはって、ほう子体からほう子を飛ばしてはんしょくするよ。

ほう子体
きん糸

私たちの目に見えるのは黒いほう子だけだけど、その下にはきん糸の根があるんだ。

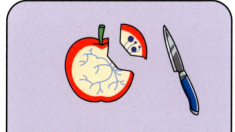

だから、黒い部分を取り除いても食べ物の中にはまだカビが残っている可能性があるよ。

クウウウ…
泣いてる？

体内にカビが入ると危険な病気になる場合もあるから、カビが生えた食べ物は食べないようにしよう。

となりのサイエンス

人類を救った青いカビ

イギリスの医者であり、細きん学者だったアレクサンダー・フレミングは、インフルエンザ治りょう薬の研究中にシャーレの中にできた青いアオカビに殺きん効果があることをぐう然発見したんだ。そしてフレミングはアオカビから「ペニシリン」という治りょう薬を開発したよ。ペニシリンは人類初のこう生ざいといわれ、多くの人の命を救ったんだ。

アレクサンダー・フレミング

4

大変だ！きん急会議を開こう！

#納豆チゲ　#発こう

Q くさったにおいの食べ物がある!?

日本でくさったようなにおいの食べ物といえば納豆が有名だけど、世界にも納豆に似た食べ物があるよ。かん国の伝統的なみそであるチョングッチャンもその1つ。納豆やチョングッチャンはこう母や細きんなどのび生物が有機物を分解することでつくられていて、この過程を「発こう」というよ。あの独特なにおいも発こうの過程で生じるんだ。においはし激的だけど、食べてみるとうま味を感じられるよ。また、発こう食品には体にいいきんや栄養が豊富なんだ。

大豆をいためて皮を取り、ふやかしてからゆでる。

ざるにわらをひいて、暖かいところで2〜3日発こうさせる。

豆が糸を引くようになったらニンニクやショウガを入れてすりつぶす。

チョングッチャンのつくりかた

となりのまめ知識

発こうとふ敗はどうちがうの？

「発こう」は、決められた材料や条件のもとで起こり、体にいい成分がつくられるよ。一方で食べ物を放置して「ふ敗」すると、体に害をおよぼす成分がつくられて悪しゅうを発するようになるよ。発こう食品からひどい悪しゅうがする場合は、くさっている可能性が高いから注意しよう。

エイミのための特製ピザ

#ピザが丸い理由　#ピザセーバー

 # ピザはどうして丸いの?

ピザをつくるとき、手で回して
ピザ生地を大きくするよ。

このとき遠心力で外側に広がって、
生地が丸くなるんだ。

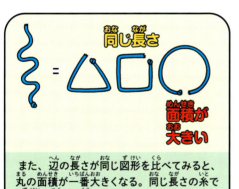

また、辺の長さが同じ図形を比べてみると、
丸の面積が一番大きくなる。同じ長さの糸で
図形を作って比べてみるとわかりやすいよ。

それに、形が丸いほうが
焼いたときに熱が伝わりやすい。
だから丸いピザが多いんだよ。

 となりのサイエンス

ピザセーバーの役割

ピザを食べるときに、真ん中に3本足のプラスチックが
ささっているのを見たことはあるかな? これを「ピザ
セーバー」というよ。ピザセーバーは、ピザが左右に
動いたり、箱のふたにくっつくのを防ぐ役割をするよ。

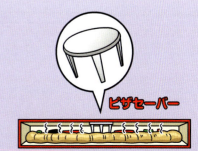

ドタバタ、カニ取り大作戦

#ワタリガニを蒸すと赤くなる理由
#アスタキサンチン

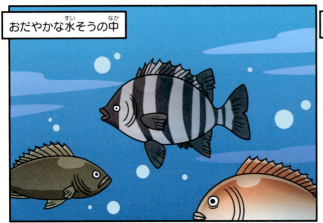

エビやカニを加熱すると、どうして赤くなるの?

アスタキサンチン

エビやカニなど、かたいからで体がおおわれている生き物を「こうかく類」というよ。これらの生き物の体にはアスタキサンチンという色素がふくまれている。

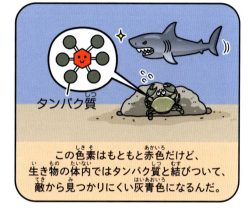

タンパク質

この色素はもともと赤色だけど、生き物の体内ではタンパク質と結びついて、敵から見つかりにくい灰青色になるんだ。

ところが、熱が加わるとタンパク質と分りしてアスタキサンチンのもともとの色が現れる。

そのため、エビやカニなどのこうかく類を加熱すると赤色に変わるんだよ。

となりのサイエンス

カニのハサミにはさまれると痛いのはなぜ?

カニのハサミの中にはとう明のビニールのようなものがある。これは「けん」といって、筋肉とつながってハサミを動かす役割があるよ。カニのハサミには他の足よりも大きいけんが入っているぶん、力が強いんだ。

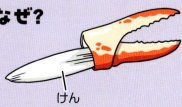

けん

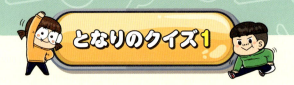

となりのクイズ1

 穴うめクイズ　次の文章を読んで、空らんをうめよう。

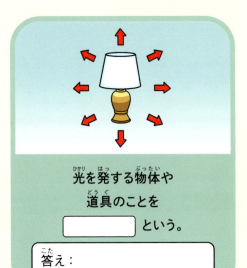

光を発する物体や道具のことを　　　　　という。

答え：

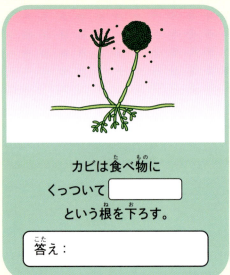

カビは食べ物にくっついて　　　　　という根を下ろす。

答え：

こう母や細きんなどの生物が有機物を分解することを　　　　　という。

答え：

カニに火を通すと赤くなるのは、体内のアスタキサンチンと　　　　　が分解されるからだ。

答え：

54

答え：光げんから時計回りに、光源、きん糸、発こう、タンパク質

次の質問の正解を答えているのはトムとエイミのどちらでしょう？

イチョウ並木の秘密

#イチョウ　#らく酸

ぎんなんってどうしてくさいの？

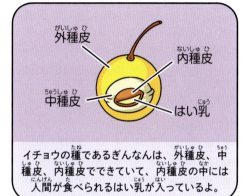

イチョウの種であるぎんなんは、外種皮、中種皮、内種皮でできていて、内種皮の中には人間が食べられるはい乳が入っているよ。

ぎんなんのにおいの原因は、外種皮にふくまれる「らく酸」という成分なんだ。らく酸のにおいには天敵から種を守る役割があるよ。

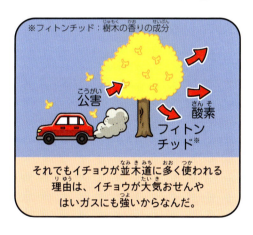

それでもイチョウが並木道に多く使われる理由は、イチョウが大気おせんやはいガスにも強いからなんだ。

ただ、ぎんなんには毒があるから素手でさわらないでね。火を通しても毒性は残っているから、一度に食べすぎないようにしよう。

オス・メスがあるイチョウの木

イチョウにはオスとメスがあるよ。ぎんなんはメスの木にしかならないんだ。悪しゅうを防ぐために街路樹にオスの木だけを使う場合もあるけど、ときどきメスの木が混ざっていることもある。なえ木のうちはオスとメスの区別がつかなくて、正確に見分けるためには15年ほど成長する必要があるからなんだ。

鼻くそとともに15年

#鼻の穴　#鼻くそができる理由

Q 鼻をほじりつづけると、鼻の穴が大きくなる？

鼻をほじると鼻の穴が大きくなるという説があるけど、鼻をほじることと鼻の穴の大きさの相関関係は確認されていないよ。

トム（7さい）　トム（15さい）

成長期に鼻をほじると筋肉が発達して鼻の穴が大きくなるともいわれているけれど、そのえいきょうは少ないという意見が多いんだ。

ただ、つめで鼻に傷がついたり、えんしょうが起こったりすることもあるから、なるべく指で鼻をほじらないようにしよう。

鼻がムズムズするときは指のかわりにきれいな水で鼻をかむようにしよう。

となりのサイエンス

鼻くそができる理由

鼻は、においをかぐ以外にも、空気中の異物が体に入らないようにする役割を持っている。鼻毛や鼻水が空気中のホコリや細きんをキャッチしてくれるんだ。鼻くそは、鼻毛や鼻水にくっついたホコリや細きんが固まってできたものなんだよ。

鼻毛

鼻水

ゆっくりゆっくり、かわいい友だち

#カタツムリ　#カタツムリのねん液

Q カタツムリのねん液はどうしてネバネバなの？

カタツムリは骨を持たない「なん体動物」で、地面をはって移動するよ。カタツムリは体からネバネバのねん液を出している。このねん液が地面とのまさつを減らしてくれるから、するどい刃物の上でも移動することができるんだ。カタツムリのねん液には、体の水分を保つ役割があって、これを利用した化しょう品もあるんだよ。ただ、カタツムリの体にはび生物や細きんがいるから、素手でさわったり、ねん液を直接はだにのせるのはよくないよ。

ねん液　まさつが減る↓

ゲッ！カタツムリを素はだにのせると危ないんだって！

となりのまめ知識

カタツムリにも歯があるの？

歯がなさそうに見えるカタツムリだけど、実は「歯舌」を持っているよ。舌に小さなとっ起のような歯がついているんだ。この歯舌を使って、食べ物をけずりとって食べている。種類によっては、1万から2万5000本の歯があるといわれているよ。

10 地ごくの高速バス

#車によう理由　#三半規管

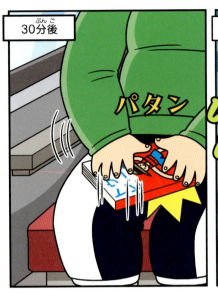

どうして車によう の?

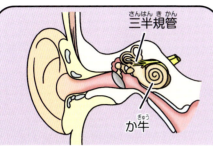

耳には、音を聞く以外に体のバランスを調節する役割がある。これには三半規管という器官が関係しているんだ。

三半規管はループ状の3本の管でできていて、中はリンパ液で満たされている。

私たちの体が動くとリンパ液が流れて、どのくらいかたむいているかが脳に伝達されるんだ。

ところが車での移動などで目からの情報と体の動きが異なると、感覚が乱れてはき気などが起こるよ。

となりのサイエンス

乗り物よいを防ぐ方法

一番効果的な方法は、車に乗る前によい止めの薬を飲むことだよ。車に乗ってからしょう状が出た場合は、目を閉じたり遠くの山を見ることが効果的。本やスマホを見ると、悪化する場合があるから気をつけよう。

バクバク、おやつを ひとりじめ!

#リス　#ほおぶくろ

リスはどうしてほっぺに食べ物をしまっておくの?

ハムスターやリスのようなげっ歯類の動物やサルなどは、食べ物を保管しておく空間がほっぺたにある。これを「ほおぶくろ」というよ。特にリスは警かい心が強くて、食べ物を一度ほっぺたにしまっておいて、巣にもどってから食べる習性があるんだ。また、秋には冬をこすためにたくさんの食料をほっぺたにしまって巣まで運んでおく。そして春が来るまで冬みんに入るよ。

となりのまめ知識

リスのほっぺたにどんぐりは何個入る?

冬をこすために、リスは100個以上のどんぐりを巣にたくわえておくといわれているよ。このとき、たくさんのどんぐりを運ぶためにほおぶくろを使うんだ。ふだんはしぼんでいるほおぶくろだけど、食べ物が入っていると風船のようにふくらむよ。リスによって差はあるけれど、一度に多くて10個のどんぐりをほっぺたにしまうことができるんだ。

こわ〜い、パンダののろい

#あざが青い理由　#毛細血管

 # あざはどうして青色なの？

するどい物に当たって皮ふが切れると、皮ふの下の毛細血管が傷ついて赤い血が出るよ。

ところが、なにかに体をぶつけて毛細血管だけが傷つくと、血が皮ふの下にたまってしまう。

皮ふの下で酸素にふれずにいると、血はだんだん赤黒くなっていく。これを皮ふの上から見ると青色に見えるんだ。

あざは時間がたつと少しずつうすくなるよ。1日ほどおいてから、やさしくマッサージをしたり冷やしたりすると回復が早くなるよ。

血管の種類

血管とは血液が流れる管のことで、動脈、静脈、毛細血管に分けられるよ。「動脈」は心臓から出てきた血液が流れる管で、体の内側を通っている。「静脈」は心臓に送られる血液が流れる管で、皮ふの近くを通っている。そして、動脈と静脈を結ぶのが毛細血管で、あみの目のように体中にはりめぐらされているんだ。

となりのクイズ 2

穴うめクイズ　次の文章を読んで、空らんをうめよう。

ぎんなんがくさい理由は、
天敵から種を [　　　]
するためだ。

答え：[　　　]

[　　　] と鼻水には
空気中の不純物を
取り除く役割がある。

答え：[　　　]

耳の中の三半規管は
[　　　] で満たされている。

答え：[　　　]

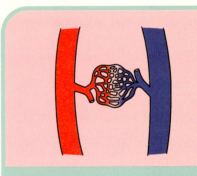

心臓から出てきた血液が通る
血管を [　　　] という。

答え：[　　　]

答え：(上から時計回りに) 拡散、たん、リンパ液、動脈、ほか

104

クロスワードパズル

問題をよく読んで、下の空らんをうめよう。

よこのヒント
① カタツムリの舌についていて、歯の役割を持つ小さいとっ起
② 耳の中にある3つの管が連なってできた器官
③ ハムスターやリスなど一部の○○○○○はほっぺたの中に食べ物を保管する場所を持っている

たてのヒント
① 血管の中には○○○○が流れている
② 動脈と静脈を結ぶ血管で、全身にあみの目のようにはりめぐらされている

答え：よこ　①しぜつ（歯舌）　②さんはんきかん（三半規管）　③げっしるい（げっ歯類）
　　　たて　①けつえき（血液）　②もうさいけっかん（毛細血管）

家族なのにどうして血液型がちがうの?

血液型にはさまざまな区分方法があるけれど、その中でもA型、B型、AB型、O型に分類するABO式血液型がもっとも代表的だよ。血液型は2つの因子によって決められていて、因子の組み合わせがAAかAOならA型、BBかBOならB型、ABならAB型、OOならO型なんだ。子どもの血液型は親の因子を1つずつ受けつぐから、家族でも血液型がちがうことがあるんだよ。

父母の血液型と子どもの血液型

区分		父親の血液型			
		A	B	O	AB
母親の血液型	A	A, O	A, B, O, AB	A, O	A, B, AB
	B	A, B, O, AB	B, O	B, O	A, B, AB
	O	A, O	B, O	O	A, B
	AB	A, B, AB	A, B, AB	A, B	A, B

両親がどちらもA型ならその子どもはA型かO型だよ!

となりのまめ知識

血液型と性格には関係がある?

ときどき「A型はき帳面で、B型は自由ほん放」などといわれることがあるけれど、血液型と性格の間には科学的なつながりはないよ。血液型で人の性格を判断することはへん見であり、差別になることもあるから気をつけよう。

14 炭酸なしじゃ生きていけない！

#二酸化炭素　#気圧

なかよくテレビを観ている2人

やっぱり今日もケンカがぼっ発

Q 炭酸飲料を強くふると、どうしてふき出てくるの？

炭酸とは二酸化炭素が水にとけてできた酸のことで、炭酸飲料の主成分だよ。

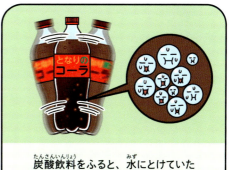

炭酸飲料をふると、水にとけていた二酸化炭素が空気中に出てくるんだ。

そうすると、密閉された容器に二酸化炭素がじゅう満して、容器内の気圧が上しょうする。

この状態でふたを開けると、密閉された二酸化炭素が飛び出してくるんだよ。

となりのサイエンス

炭酸がぬけないように保管する方法

容器をつぶして保管すると、炭酸がぬけるのを防げるよ。気体は圧力が高いほど液体にとけやすいけど、容器内の空間が減るとその分、気圧が上がるんだ。そうするとより多くの二酸化炭素が液体にとけこんで、炭酸がぬけるのを防げるよ。

まねが上手な動物って？

#オウムとインコ　#鳥の発声器官

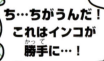

 **Q オウムやインコはどうして人の言葉をまねするの？**

オウムやインコは鳥のなかまで、その種類は約320種にのぼるといわれているよ。

オウムやインコは人の言葉をまねすることで有名だけど、すべてのオウムやインコが言葉をまねできるわけではないよ。

オウムやインコののどは人間と似た構造をしているから、人の言葉をまねすることができるんだ。

ただ、オウムやインコは音声をまねしているだけだから、人の言葉を理解しているわけではないよ。

 となりのサイエンス

鳴管

鳥は人が声を出すときに使う声帯という器官を持っていないよ。そのかわり「鳴管」という器官がある。鳴管は気管の気管支が分かれる部分にあって、その筋肉を動かして鳴き声を発しているよ。

鳴き声を出すとき

いま、受けにゆきます

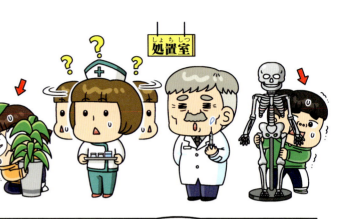

#インフルエンザワクチン　#こう体

Q インフルエンザの予防接種、どうして受けなきゃいけないの?

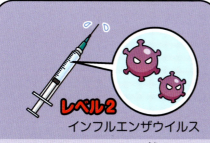

レベル2 インフルエンザウイルス

インフルエンザワクチンの中には、さまざまな薬といっしょに弱いインフルエンザウイルスが入っているって知ってた?

レベル5 白血球

弱いインフルエンザウイルスが体に注入されると、すぐに「白血球」がこれを見つけて出動する。

ドスッ ボスッ

白血球はウイルスと戦いながら、ウイルスの情報をもとにウイルスをやっつけるための武器をつくり出すよ。

こう体 レベル35 インフルエンザウイルス レベル70 白血球

この武器を「こう体」というよ。こう体を持っていると、強いインフルエンザウイルスが体に入ってきても簡単にやっつけることができるんだ。

となりのサイエンス

天然とうを治した人類初のワクチン

18世紀のイギリスでは、天然とうという病気が流行していた。イギリスの医学者エドワード・ジェンナーは、牛の伝せん病(牛とう)に感せんした人は天然とうにかかりにくいことを発見したんだ。そこからヒントを得たジェンナーは、牛とうから取り出した弱いウイルスを人間に接種する「種とう」という予防接種を発明したよ。

天然とうの予防接種を行うジェンナー

赤レンガの
ミステリー

#夜行性動物　#タペタム

ネコの目はどうして夜になると光るの?

ネコはおもに夜に活動する夜行性動物だよ。そんなネコの目には「タペタム」という組織があるんだ。タペタムがもうまくに入ってきた光を反射し、もうまくに返すから、ネコは暗い場所でも物がよく見える。このとき、ネコの目に光が反射するから目が光っているように見えるんだ。

目
暗い場所でもよく見えるように発達

しっぽ
バランスを取るのに重要な役割を持つ

ひげ
風向・温度・しん動を感知したり物とのきょりを測る

足
飛び降りたときのしょうげきをやわらげるのにたけている

ネコの特ちょう

となりのまめ知識

さまざまな動物のどうこうの形

縦長のどうこう	丸いどうこう	横長のどうこう
ネコ、ヤマネコ、オオヤマネコなど	ライオン、トラ、人間など	ヤギ、ヒツジ、ロバなど
光を調節するのに優れている	遠くをはっきり見るのに優れている	広いはん囲を見るのに優れている

たまらない、トムのみ力

#犬の特ちょう　#きゅう覚

あの一件以来、タマとなかよしになった2人

Q 犬はどうしていつもにおいをかいでいるの？

犬は人間にくらべて視力が弱く、さまざまな色を認識することができないんだ。でもきゅう覚とちょう覚は人間より優れているよ。特にきゅう覚が発達しているから、はじめて見る物のにおいをかぐことで情報を集めるんだ。きゅう覚の優れた犬は、人命救助や危険物の探知などの場面でも活やくしているよ。

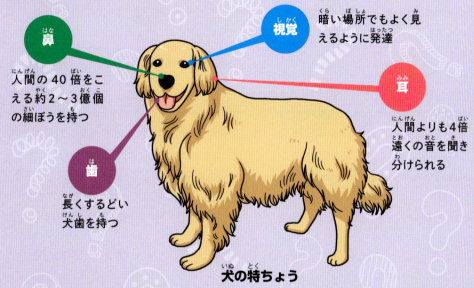

- **鼻**：人間の40倍をこえる約2〜3億個の細ぼうを持つ
- **視覚**：暗い場所でもよく見えるように発達
- **耳**：人間よりも4倍遠くの音を聞き分けられる
- **歯**：長くするどい犬歯を持つ

犬の特ちょう

となりのまめ知識

犬とネコは本当に仲が悪いの？

犬とネコはそれぞれ意思そ通の方法が異なるよ。でも社会化が進む生後2〜3カ月ごろからいっしょに暮らしていると、たがいにコミュニケーションがとれるようになるといわれているんだ。だから小さいころからいっしょに過ごした犬とネコは、いい友だちになれる場合が多いよ。

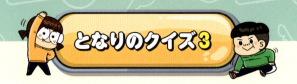

 次の文章を読んで、空らんをうめよう。

血液型は親の血液型因子の _____ によって決まる。

答え：

炭酸飲料の中には気体である _____ がとけこんでいる。

答え：

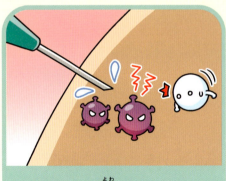

ワクチンで弱いウイルスを体内に注入すると、_____ がこれを探知する。

答え：

ネコの目の中にあるタペタムはもうまくに入ってきた光を _____ する。

答え：

答え：左上から時計回りに、組み合わせ、二酸化炭素、反射、白血球

トムの質問とエイミの返事をよく読んで正解を当ててみよう。

となりのレベルアップ

となりのきょうだいといっしょに18個の問題を解決したよ。
問題を解いて、レベルをチェックしてみよう。

01 次のうち、くすぐったさの説明として正しくないものを選びなさい

① くすぐったさは皮ふの感覚の1つだ
② くすぐったいと体が縮こまって、笑いがこみあげる
③ 首やわきは動脈と神経が皮ふから遠いところにあるため、外部からのし激に強い
④ 人によってくすぐったいと感じる部位は異なる

02 （　　）の中に入る正しい組み合わせを選びなさい

生き物が光に反応する性質を（ ㋐ ）という。
特に「正の（ ㋐ ）」を持つ虫は、（ ㋑ ）にびん感に反応する。

① ㋐夜光性、㋑曲線
② ㋐走光性、㋑し外線
③ ㋐走光性、㋑直線
④ ㋐夜光性、㋑し外線

03 アレクサンダー・フレミングがアオカビから発見した人類初のこう生ざいの名前を答えなさい

（　　　　　　　）

アオカビは英語で「ペニシリウム」だよ！

04 次のうち、発こうに関する説明として、正しくないものを選びなさい

① び生物が有機物を分解する過程のこと
② 納豆やみそは発こう食品だ
③ 食べ物を放置すればなんでも発こうする
④ 発こうすることで体にいい物質がつくられる

答えは160ページ

正解数 　　　個

---

05 次のうち、ピザが丸い理由として正しいものをすべて選びなさい（2つ）

① ピザ生地をつくるときに遠心力によって丸く広がるから
② 丸くつくるように法律で定められているから
③ 丸い形だと熱を受ける面積が広くとれるから
④ 丸い形が一番きれいだから

06 次のうち、ピザセーバーを使う理由として正しいものをすべて選びなさい（2つ）

① ピザが左右にずれないようにするため
② 他の人に自分のピザを横取りされないようにするため
③ 箱にピザがくっつかないようにするため
④ ピザをかわいくかざりつけるため

07 街路樹にイチョウの木を使う理由として、正しいものをすべて選びなさい（2つ）

① イチョウが幸運を運ぶため
② 大気をじょう化する能力が高いため
③ いい香りがするため
④ 公害に強いため

08 次のうち、鼻をほじることに関する説明として、正しいものを選びなさい

① 深く指をさしこんでほじったほうがいい
② 鼻をほじりすぎると絶対に鼻の穴が大きくなる
③ 鼻の中の異物は清潔な水で洗い流すほうがいい
④ 指で鼻をほじると健康になる

09 次のうち、カタツムリの体からでるねん液の役割として正しいものをすべて選びなさい（2つ）

① 体の水分維持
② 地面とのまさつ低減
③ 道路のそうじ機能
④ ナビゲーション機能

10 次のうち、乗り物よいをさます方法として正しくないものを選びなさい

① 目を閉じて視覚をしゃ断する
② 精神を集中させるために本を読む
③ 遠くの山を見つめる
④ よい止めの薬を飲む

11 次のうち、リスのほおぶくろに関する説明として正しいものを選びなさい

① 天敵をいかくするときに使う
② 食べ物を保管するときに使う
③ かわいく見せるために使う
④ 2つ以上の食べ物は入らない

12 次のうち、あざができたときの対処法として正しいものをすべて選びなさい（2つ）

① のろわれた結果なので、悪い行いをしていないか考えてみる
② あざができた部分をおして、痛みを楽しむ
③ 冷やす
④ 1日過ぎたあとにやさしくマッサージする

13 次の説明を読んで、（　　）の中に入る正しい言葉を選びなさい

ペットボトル内の空いた空間が減ると、内部の気圧が（上がって／下がって）、より多くの二酸化炭素が飲み物の中にとけこむ。

14 次のうち、オウムやインコに関する説明として、正しくないものを選びなさい

① 一部のオウムやインコは人と似た口う構造を持っている
② オウムやインコにはさまざまな種類がある
③ すべてのオウムやインコは人の言葉をまねすることができる
④ オウムやインコはただ音声をまねしているだけだ

15 インフルエンザの予防接種で体内にしん入してきたウイルスを白血球がやっつけてつくり出したものは何か、答えなさい

① こう原
② こう体
③ 降ふく
④ こうら

16 （　　）の中に入る正しい組み合わせを選びなさい

犬は（　ア　）よりも（　イ　）が発達しているので、においをかいで情報を集めている。

① ア視覚、イきゅう覚
② アきゅう覚、イ視覚
③ ア味覚、イ自覚
④ アさっ覚、イ感覚

最後に問題を全部解いたか、もう一度確かめてから160ページにある正解を確認しよう

となりのレベルアップ 正解(せいかい)

01 ③　02 ②　03 ペニシリン　04 ③　05 ①、③　06 ①、③
07 ②、④　08 ③　09 ①、②　10 ②　11 ②　12 ③、④　13 上(あ)がって
14 ③　15 ②　16 ①

問題をしっかり読めば難しくないよ！

まちがえたらもう一度やってみよう

キミのレベルは？

レベルアップテストの正解(せいかい)を確認(かくにん)して、正解(せいかい)した数(かず)からレベルをチェックしてみよう

0〜5個(こ)	6〜12個(こ)	13〜16個(こ)
スクスク育(そだ)て！ 若手(わかて)レベル	探検に出発しよう！ (たんけん)(しゅっぱつ) 探検(たんけん)レベル	私(わたし)に任(まか)せて！ 博士(はかせ)レベル

第4号

表しょう状

い大なアイデアで賞　なまえ：

あなたはい大なアイデアのもととなる
日常のできごとに興味を持ち
『となりのきょうだい 理科でミラクル
あつまれ！生き物編』を最後まで読み
18個の問題をすべて解決したので
ここに表しょういたします。

20　年　月　日

となりの解決団　トム＆エイミ

東洋経済新報社

흔한남매의 흔한 호기심 4

Text & Illustrations Copyright © 2021 by Mirae N Co., Ltd. (I-seum)
Contents Copyright © 2021 by HeunHanCompany
Japanese translation Copyright © 2024 TOYO KEIZAI INC.

All rights reserved.

Original Korean edition was published by Mirae N Co., Ltd. (I-seum)
Japanese translation rights arranged with Mirae N Co., Ltd. (I-seum)
through Danny Hong Agency and The English Agency (Japan) Ltd.

となりのきょうだい 理科でミラクル あつまれ！生き物 編

2024年10月8日　第1刷発行
2024年12月11日　第2刷発行

原作　　となりのきょうだい
ストーリー　アン・チヒョン
まんが　ユ・ナニ
監修　　イ・ジョンモ／となりのきょうだいカンパニー
訳　　　となりのしまい
発行者　田北浩章
発行所　東洋経済新報社
　　　　〒103-8345 東京都中央区日本橋本石町1-2-1
　　　　電話＝東洋経済コールセンター 03(6386)1040
　　　　https://toyokeizai.net/

ブックデザイン　bookwall
DTP　天龍社
印刷　港北メディアサービス
編集担当　長谷川愛／齋藤弘子／能井聡子

Printed in Japan　ISBN 978-4-492-85003-9

本書のコピー、スキャン、デジタル化等の無断複製は、著作権法上での例外である私的利用を除き禁じられています。本書を代行業者等の第三者に依頼してコピー、スキャンやデジタル化することは、たとえ個人や家庭内の利用であっても一切認められておりません。
落丁・乱丁本はお取替えいたします。